U0302361

优秀技术工人
百工百法丛书

秦世俊
工作法

直升机动部
关键件、重要件
数控加工

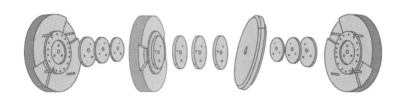

中华全国总工会 组织编写

秦世俊 著

中国工人出版社

技术工人队伍是支撑中国制造、中国创造的重要力量。我国工人阶级和广大劳动群众要大力弘扬劳模精神、劳动精神、工匠精神，适应当今世界科技革命和产业变革的需要，勤学苦练、深入钻研，勇于创新、敢为人先，不断提高技术技能水平，为推动高质量发展、实施制造强国战略、全面建设社会主义现代化国家贡献智慧和力量。

——习近平致首届大国工匠
创新交流大会的贺信

优秀技术工人百工百法丛书
国防邮电卷
编委会

序

党的二十大擘画了全面建设社会主义现代化国家、全面推进中华民族伟大复兴的宏伟蓝图。要把宏伟蓝图变成美好现实，根本上要靠包括工人阶级在内的全体人民的劳动、创造、奉献，高质量发展更离不开一支高素质的技术工人队伍。

党中央高度重视弘扬工匠精神和培养大国工匠。习近平总书记专门致信祝贺首届大国工匠创新交流大会，特别强调"技术工人队伍是支撑中国制造、中国创造的重要力量"，要求工人阶级和广大劳动群众要"适应当今世界科技革命和产业变革的需要，勤学苦练、深入钻研，勇于创新、敢为人先，不断提高技术技能水平"。这些亲切关怀和殷殷厚望，激励鼓舞着亿万职工群众弘扬劳模精神、劳动精神、工匠精神，奋进新征程、建功新时代。

近年来，全国各级工会认真学习贯彻习近平总书记关于工人阶级和工会工作的重要论述，特别是关于产业工人队伍建设改革的重要指示和致首届大国工匠创新交流大会贺信的精神，进一步加大工匠技能人才的培养选树力度，叫响做实大国工匠品牌，不断提高广大职工的技术技能水平。以大国工匠为代表的一大批杰出技术工人，聚焦重大战略、重大工程、重大项目、重点产业，通过生产实践和技术创新活动，总结出先进的技能技法，产生了巨大的经济效益和社会效益。

深化群众性技术创新活动，开展先进操作

法总结、命名和推广，是《新时期产业工人队伍建设改革方案》的主要举措。为落实全国总工会党组书记处的指示和要求，中国工人出版社和各全国产业工会、地方工会合作，精心推出"优秀技术工人百工百法丛书"，在全国范围内总结100种以工匠命名的解决生产一线现场问题的先进工作法，同时运用现代信息技术手段，同步生产视频课程、线上题库、工匠专区、元宇宙工匠创新工作室等数字知识产品。这是尊重技术工人首创精神的重要体现，是工会提高职工技能素质和创新能力的有力做法，必将带动各级工会先进操作法总结、命名和推广工作形成热潮。

此次入选"优秀技术工人百工百法丛书"作者群体的工匠人才，都是全国各行各业的杰出技术工人代表。他们总结自己的技能、技法和创新方法，著书立说、宣传推广，能让更多人看到技术工人创造的经济社会价值，带动更多产业工人积极提高自身技术技能水平，更好地助力高质量发展。中小微企业对工匠人才的孵化培育能力要弱于大型企业，对技术技能的渴求更为迫切。优秀技术工人工作法的出版，以及相关数字衍生知识服务产品的推广，将对中小微企业的技术进步与快速发展起到推动作用。

当前，产业转型正日趋加快，广大职工对于技术技能水平提升的需求日益迫切。为职工群众创造更多学习最新技术技能的机会和条件，传播普及高效解决生产一线现场问题的工法、技法和创新方法，充分发挥工匠人才的"传帮带"作用，工会组织责无旁贷。希望各地工会能够总结、命名和推广更多大国工匠和优秀技术工人的先进工作法，培养更多适应经济结构优化和产业转型升级需求的高技能人才，为加

快建设一支知识型、技术型、创新型劳动者大
军发挥重要作用。

中华全国总工会兼职副主席、大国工匠

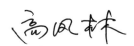

作者简介
About The
Author

秦世俊

　　1982年出生，现任航空工业哈尔滨飞机工业集团有限责任公司数控铣工高级技师，中国航空工业首席技能专家，全国首批示范性劳模创新工作室创领人，国家级技能大师工作室创领人。享受国务院政府特殊津贴，曾获"全国劳动模范""全国五一劳动奖章""大国工匠年度人物""全国最美职工""中华技能大奖""全国技术能手"等荣誉和称号。

秦世俊主要从事直升机升力系统、起落架系统难度较大的零部件生产加工，并且参与研制和攻关一些车间加工生产中的瓶颈类问题。参加工作以来，他参与生产加工多种成熟机型，累计自制工装夹具600余套，实现技术创新、小改小革800余项，创造经济效益1000余万元。他首创了"逆向思维、反向采点加工腹板法"等20多种新型加工方法，解决了直升机升力系统的多项技术难题。多次参加同行业技术交流、国内外技术深造，学习数字化制造等前沿数控加工技术并进行推广应用，为推动企业技术进步和国家航空装备制造水平的提升作出了卓越的贡献。

不为成功找理由，不为失败找借口

志当存高远，我辈当奋斗时

秦世俊

目　录
Contents

引　　言
Introduction

　　为了满足航空装备的需求，公司加大了对军工产品质量的提升力度，其中直升机起落架系统、升力系统中所包含的关键件和重要件的质量尤为重要，是保障飞机性能的关键技术。

　　针对直升机动部件在数控加工中查找需要攻关的关键件、重要件，将关键问题点逐条进行可行性分析，并设定目标，对每一项认真研究，仔细记录实施情况；当每一项难点攻克时，由检验人员进行效果检查、质量把关，试验合格后又通过几批次生产无任何质量问题，确保方法可行。直升机动部关键件、重要件有几十种，本书主要针对 6 种零件，从 7 个方面进行说明。笔者运用了"制作多功能专用工装"减少了"旋转盘"零件应力变形问题，保证了产品一次装夹进行加工；通过"设计仿形工装"改变工艺台设定，消除加工"球铰、球座"变形；"利用减振技术"，减少薄壁筒类零件加工变形问题，保证了"旋转筒"的质量要求；"设计悬空零压力加工夹具"保证了"摇臂"形位公差；"设计新型刀具"结合铣刀、车刀、镗刀优势，保证了"内筒"图纸要求；"利用动平衡分析测试"保证"外筒"高精度孔加工达到了镜面级表面粗糙度等。上述方法解决了 6 种技术难点，已经通过几批次零件加工，确定质量稳定，方法可行。"直升机动部关键件、重要件数控加工方法"每年可为公司节约生产成本 20 余万元，提高加工效率 5 倍，产品使用寿命增加 3 倍，并申报国家专利 5 项。

第一讲

需要攻关的关键件、重要件的问题描述

本工作法需要攻关的直升机动部关键件、重要件包括：直升机升力系统"旋转盘"，直升机升力系统"球铰、球座"，直升机前起落架系统"旋转筒"，直升机前起落架系统"摇臂"，直升机前起落架系统"外筒"，直升机主起落架系统"内筒"。

一、直升机升力系统中的"旋转盘"

"旋转盘"作为直升机升力系统的核心部件，对其内孔的关键尺寸 $\Phi 238.04+0.02$ 的精度要求极高。因此，这一尺寸对于装配轴承来说至关重要，一旦超差 0.01mm 以上，零件便需报废，这大大增加了生产难度和成本。

此零件为模锻件（见图 1），其特点是薄而大，加之锻造工艺水平的限制，导致零件毛坯在 4 个长耳处存在横向高低不一致的问题。为了解决这一问题，每次加工前都需通过外力挤压来

图1　"旋转盘"毛坯状态

使4个长耳处平整。但这一操作带来的应力大量集中在零件内部，再加上加工过程中切削力、装夹压紧力等外力的影响，零件极易发生变形，使$\Phi 238.04+0.02$这一关键尺寸难以被稳定保证。

为了释放应力并尽量减小变形，通常需要对零件进行正、反面翻转多次加工。但由于零件体积大、加工区域和装夹位置的限制，以及定位基准的变化，每次翻转加工都需要1套专用的夹具，总计需要4套夹具。这不仅增加了加工过程的复杂性和劳动强度，还明显提高了生产成本。

因此，针对这一生产难题，我们需要寻找更加高效、经济的解决方案，以确保零件的加工精度和稳定性，同时降低生产成本。

二、直升机升力系统中的"球铰、球座"

"球铰、球座"（见图2）这两种组合零件由于其复杂的结构和薄壁特性，被视为异形零件中的挑战。在加工前，这些零件内部的残余应力处于微妙的平衡状态。然而，一旦进入数控车削加

图2　"球铰、球座"毛坯状态

工过程，这种平衡便因切削力的影响而被轻易破坏。这种破坏不仅容易导致零件发生变形，还可能引发应力集中，从而使得加工过程中故障频发。

由于这些零件的复杂性和特殊性，一旦出现故障，返修工作就会变得异常困难。这不仅需要高度专业的技术和设备，而且修复过程可能导致进一步的应力失衡和变形，使返修费用极高。这种情况严重制约了生产的顺利进行，不仅增加了成本，还影响了产品的交付周期。

之前，该产品每年的加工能力非常有限，仅能满足少数订单的需求。更为严峻的是，产品的一次交检合格率极低（不足30%），尤其是球座零件的合格率更是低至5%。这些问题不仅影响了生产效率，也对产品质量和企业的声誉造成了严重影响。

三、直升机前起落架系统中的"摇臂"

直升机前起落架系统中的"摇臂"零件（见图3），由于毛坯采用锻造工艺制造，使零件的内部结构变得异常复杂。这种复杂的内部结构不仅增加了加工难度，还使零件在加工过程中极易发生变形。在加工过程中，由于摇臂零件的结构特点，定位基准的选取就变得尤为关键。然而，由于毛坯锻造后外形不规则，使定位基准的确定变

图3 "摇臂"毛坯状态

得十分困难。这导致了装夹位置的不牢靠，加工时容易产生位移，进一步加剧了加工难度。

特别是零件上的关键尺寸——长孔，由于孔径大、壁厚薄，成为加工过程中的最大挑战。在初始加工阶段，由于加工方法的不当和装夹位置的不稳定，经常出现变形和椭圆的情况，这直接导致了精加工后关键尺寸超差，使零件不能 100% 交检，且质量不稳定。这不仅影响了零件的合格率，也增加了生产成本和维修成本。因此，为了解决这些问题，我们需要从多个方面入手，包括改进锻造工艺、优化加工方法、提高定位基准的准确性和装夹位置的牢靠性等。只有这样，我们才能确保摇臂零件的加工精度和稳定性，提高直升机的安全性和可靠性。

四、直升机前起落架系统中的"旋转筒"

直升机前起落架系统中的"旋转筒"零件（见图4），由于它的整体形状不规则，很难用常规的夹具和加工设备进行稳定夹持和加工。这可能导致在加工过程中零件发生移动或变形，进而影响加工精度。而且，零件较长，刚性不够，加工时容易产生受力不均匀而导致变形的情况。

图4 "旋转筒"毛坯状态

在传统的加工过程中需要多次夹紧和定位，而基准的偏移是一个难以避免的问题。这种偏移可能来自夹具的精度、操作人员的技能、加工设备的稳定性等多个方面。基准的偏移会直接影响加工精度，导致关键尺寸超差。并且，其材料硬度较高，加工过程中会产生热变形和刀具磨损，影响加工精度和表面质量。

五、直升机主起落架系统中的"内筒"

直升机主起落架系统中的"内筒"（见图5），由于零件在热处理后硬度相对提高，使用一般的刀具在加工过程中会迅速磨损，这不仅降低了加工效率，还导致加工精度难以控制，经常出现尺寸超差的现象。同时，高硬度的材料使刀具难以形成理想的切削效果，加工表面粗糙度难以满足要求。

图 5　"内筒"毛坯状态

其中，加工精度要求较高的叉耳和孔等关联部位，由于材料的高硬度和刀具磨损的影响，相关联的平行度和孔与叉耳平面的垂直度等形位公差难以得到保证，进一步增加了加工的难度和复杂性。

六、直升机前起落架系统中的"外筒"

　　直升机前起落架系统中的"外筒"（见图 6），该零件为锻件，它的内孔尺寸要求为 $\Phi80H7$ 和 $\Phi88H7$，深 246mm，表面粗糙度为 $Ra0.4$。这是一项机械加工难以解决的问题，需要钳工手工抛光，但是质量不稳定。一般镗削加工能够使零件表面粗糙度达 $Ra0.8$ 左右，但想要达到 $Ra0.4$ 并使其稳定，就有很大的难度，需要对实际情况进

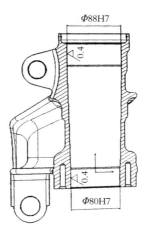

图 6 　"外筒"关键尺寸

行综合分析，对那些造成超差的因素以适当办法修补改正。通过试验得出需要控制如下问题：机床本身精度、装夹力的微小变化、刀具的选择、刀杆振动程度、加工时切削参数、工艺方案的制定、零件应力释放等。

第二讲

解决措施

　　针对直升机动部关键件、重要件的数控加工技术，我们需要明确其技术难点，并针对每个难点提出相应的解决措施。同时，我们将根据难点的难易程度制订分阶段查验计划，并设定明确的目标以确保实施效果。直升机动部关键件、重要件的数控加工技术难点见表1。

表1　直升机动部关键件、重要件数控加工技术难点

序号	项目难点	关键措施	第一阶段	第二阶段	第三阶段	完成情况
1	消除升力系统中的"旋转盘"零件应力释放问题	制作多功能专用工装，可以实现快速换型，采用新技术、新工艺控制零件切削时产生的受力变形问题	设计具有操作方便、安装省力、夹紧迅速、统一定位基准	夹紧力方向尽量与切削力的方向相对，夹紧时零件位置不发生相对位移	在加工过程中对零件测量调整参数，控制零件的加工过程	完成
2	升力系统中的"球铰、球座"零件变形问题	优化工艺方案，采用适合的切削策略，改变装夹模式，减少原来夹紧力产生的变形问题	应用物理仿真技术检查工艺方案合理性	采用有限元变形分析，掌握变形极限	试切调整加工参数	完成

续表

序号	项目难点	关键措施	第一阶段	第二阶段	第三阶段	完成情况
3	起落架系统中的"摇臂"零件装夹应力集中问题	通过自主设计工装，解决原工装自重大和定位容易松动的问题	设计工装注意应力集散点	模拟零件外形制作仿形工装	制作工装辅助工件	完成
		解决应力释放和加工后变形的问题	试验调节压紧力度	试验应力释放时间	加工试件	完成
4	起落架系统中的"旋转筒"形位公差难以保证（同轴度、位置度）	运用先进的加工技术，采用数字化仿真，确保关键点同一工步完成	分析造成形位公差超差的关键点影响因素	根据分析结果有针对性地优化方案	根据零件的特征和加工性能选配刀具	完成
		设计仿形工装，保证均匀夹紧力，有效控制变形，使加工定位准确稳定	有限元仿真测试零件最大承受压力	制作工装并数字化仿真工装夹紧面与零件外形配合度	验证工艺方案，准备试件检测方案	完成
5	主起落架系统中的"内筒"零件硬度高，刀具难以加工问题	设计可转位刀具，提高零件的加工效率，选用适合的合金刀具及合理的切削参数，使零件表面粗糙度达到 $Ra0.8$	设计刀具样式，向刀具厂家订购非标刀具	购买与零件结构、材料相同的试验件	通过多次加工和粗糙度检测，确定加工参数	完成
6	加工前起落架系统中的"外筒"，使表面粗糙度达到 $Ra0.4$ 左右	创新加工方法，控制夹紧力变形，精选设备	初步制定多套加工方法，设计加工路线	设计工装，调试压紧力矩，测试零件装夹稳定	检测机床主轴动平衡，重复定位精度	完成
		精选合理刀杆与刀片，通过试验确定加工参数	设计刀具样，向刀具厂家订购非标刀具	购买与零件结构、材料相同的试验件	通过多次加工和粗糙度检测，确定加工参数	完成

一、从工艺技术角度设计具有针对性的夹具

1. 升力系统中的"旋转盘"零件

设计一套夹具，可以在此夹具完成多次翻转加工工序。

（1）考虑要素：翻转定位基准重合，每次翻转以不同的大小内孔做定位，不同的夹紧方式，还要注意车削时旋转力的方向等问题。

（2）设计定位胎具：由于要进行翻转反复加工，所以要考虑定位问题，要做出零件翻转后不同尺寸的定位胎具，并且定位胎具要在主体夹具上同一个夹具区域进行更换，每个定位胎具下台阶圆与主体夹具上配合内孔的大小一样。定位胎具一共设计 4 个进行更换，分别以零件上 $\Phi238$ 和 $\Phi228$ 两个内孔，做粗、精加工的定位胎具，尺寸分别为 1-$\Phi236$-0.02、2-$\Phi227$-0.02、3-$\Phi237.4$-0.02、4-$\Phi228$-0.02，如图 7 所示。

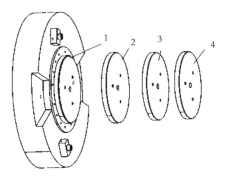

图 7　"旋转盘"主体夹具和 4 个定位胎具

（3）设计压紧盖：由于零件是毛坯，不规则，没有办法做定位面，只能在加工后的端面设计定位和压紧办法。由于需要很大的加工范围，还不能压在毛坯上，因为毛坯下方悬空，会使零件变形。我们发现零件 Φ228 孔上有一个 4~5mm 的倒角 6，于是就利用这个倒角，设计出这种"倒角压紧盖"，使 5 与 6 压紧，如图 8 所示。

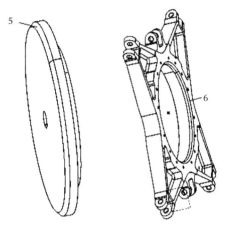

图 8　"旋转盘"倒角压紧盖和压紧位置

（4）设计主体夹具：主体夹具上配合内孔下设计 3 个螺纹孔，更换定位胎具的锁紧装置 11。配合内孔外侧设计突出的圆环形平台 10，将零件托起，防止不规则毛坯干涉。零件长支臂两侧各做一个可滑动支撑块 13，防止零件车削或铣削时转动。在主体夹具外圆处，设计一个标准叉口 9，与零件长支臂中间叉耳半精加工尺寸一致，作为翻转角向定位。零件外侧 4 个 V 角处设计 4 个螺纹孔 12，以便加工最后 Φ238.04+0.02，压紧时使用。压紧时既不会因为零件没有支撑点而变形，也不干涉加工范围。但是，由于这个压盖压紧力不是很大，所以我们在零件长支臂处，根据零件车削旋转力，做一个反向作用力可滑动支撑块，防止零件在车削加工时旋转，如图 9 所示。

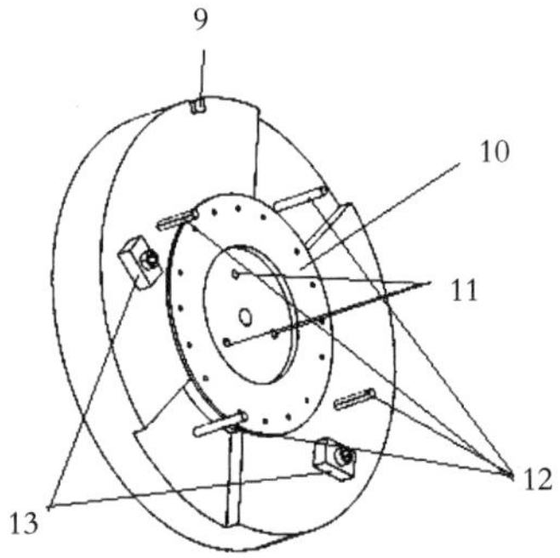

图 9　"旋转盘"主体夹具主要位置和功能介绍

通过设计一种消除回转体盘类零件变形的组合专用夹具，包括：主体夹具、定位胎具、下限台阶盖、可滑动支撑块。主体夹具为圆盘形，上表面开有相对的两个槽，可滑动支撑块设置在主体夹具上表面。主体夹具中心设有圆环形平台，圆环形平台上螺接圆盘状的定位胎具，零件正面置于圆环形平台上，定位胎具卡接在零件中心的内孔中，下限台阶盖压在零件中心内孔的下限上，定位胎具和下限台阶盖中心都设有螺纹孔，定位胎具和下限台阶盖通过螺栓螺接；可滑动支撑块从侧向顶紧零件。实现多道工序内容在夹具上一次性加工完成，可以解决零件多次翻转的定位基准误差问题；通过设计压紧装置，利用装置上的倒角，可以消除零件压紧时产生的受力变形问题，并不干涉加工区域。预计零件的一次交检合格率在90%以上。

2. 升力系统中的"球铰、球座"零件

把球铰和球座的整体毛坯置于液压卡盘上；用普通硬质合金车刀粗加工球铰和球座的整体外形轮廓，所述球铰和球座之间为工艺连接筋；用

普通硬质合金车刀半精加工球铰、工艺连接筋和球座的整体外形轮廓；将工艺连接筋铣成 3 根均布的筋条；对半精加工后的球铰、工艺连接筋条和球座放置 72h，去除应力；用普通硬质合金车刀二次半精加工球铰、工艺连接筋条和球座的整体外形轮廓；用普通硬质合金车刀精加工球铰、工艺连接筋条和球座的整体外形轮廓；用切断刀将三根工艺连接筋条同时切断，形成分离的满足设计要求的球铰和球座。目前，车间数控车床封闭式的结构导致机床行程有限，在主轴夹盘装夹好后，调节度小，需要重新制定工艺方案，采用适合的切削策略，并通过工艺台代替三爪夹盘将产品进行固定装夹，以减少原来夹紧力产生的变形问题。

3. 起落架系统中的"摇臂"零件

此夹具底座 I 尺寸为长 420mm、宽 220mm、高 40mm。设计零件底面基准平面，其中两个基准点是在长方体上，另一个基准点是在圆柱体上，长方体两个基准点与圆柱体一个基准点高度一致，这三点组成的平面作为零件的底面定位基准面。但此平面高于基础平面 20mm，是为了防止零件在加工过程中发生干涉。

设计零件侧面 Y 轴定位基准面，立柱 8 呈长方体，尺寸为长 50mm、宽 40mm、高 55mm，位置在底座上侧，并且与长方体基准平面中心对称。立柱需要保证能够承担受力强度，防止零件加工过程中发生位移，还要注意刀具直径不能过大，要防止零件在加工过程中发生干涉。在一侧的立柱上加工一个 M12 螺纹孔，在上面穿过 M12 内六方螺杆长 90mm，在内六方螺杆另一端配一个圆形顶帽，可以达到伸缩顶紧效果。

设计零件 X 轴定位圆柱，直径 25mm，高度 60mm。为防止零件加工过程中发生位移，此定位圆柱需要保证能够承担受力强度。

设计可移动 V 形垫块。此可移动 V 形垫块的 V 形槽需要与零件外形放置角度和自身锥度相仿，否则压紧后会由于受力不均匀使零件产生压伤。

设计钻孔的支撑杆，它是由一个圆形顶帽与螺杆相连，螺杆与旋转柄一端螺纹连接，旋转柄另一端在底座一侧壁被螺杆与螺母锁紧。钻孔时松开螺母，转动连接板，将圆形顶帽移动至被加工零件下方，在锁紧螺母后进行加工，加工完再松开螺母，移动连接板，将圆形顶帽移出加工区域。

设计压板。一个压板在可移动 V 形垫块之上，另一个压板在可移动 V 形垫块与长方体基准平面之间距离均匀。

通过自主设计和制造专用工装替代原来的工装，解决原工装自重过大和定位容易松动的问题，同时也解决应力释放和加工后变形的问题。具体设计一种用于起落架模锻件加工的可调节夹具。直升机前起落架中的关键构件摇臂，由于结构较为复杂，导致定位基准不准确，装夹位置不牢靠，加工时容易产生位移。本发明的可调节夹具，在底座上由前向后依次有定位圆柱、前支承座、可移动 V 形垫块和后支承座；在所述前支承座左右两侧还有立柱，在其中一侧的立柱上有横向压紧模锻件的顶紧装置。这样可以达到快速装夹、装夹稳定的效果，由于装夹稳定可以提高加工速度，从而提高了生产效率。

二、通过优化加工方案，提高产品质量

1. 起落架系统中的"旋转筒"零件

该零件为模锻件，形状不规则，首先要对它进行详细的工艺分析，了解其形状、材料特性、加工难点以及关键尺寸要求。特别要注意到零件形状不规则，加工时需多次夹紧定位，这可能导致基准偏移和关键尺寸超差的问题。

（1）优化夹具设计

①设计一套新型的夹具，能够一次性或以尽可能少的次数来实现零件的稳定夹持。

②夹具应确保零件在加工过程中不会产生变形或位移，以保证加工精度。

（2）合并加工内容

①分析原有的加工流程，找出可以合并的加工步骤。

②通过合并加工内容，减少装夹次数，从而降低基准偏移的风险。

（3）使用高精度加工设备

①选择具有高精度定位系统和切削能力的加工设备。

②确保在加工过程中能够精确控制零件的位置和尺寸。

（4）优化加工顺序

①根据零件的特点和加工要求，制定合理的

加工顺序。

②优先加工对基准影响较大的部分，确保后续加工有稳定的基准。

（5）在线监测与调整

①在加工过程中，使用在线监测系统实时监测零件的尺寸和位置变化。

②根据监测结果及时调整加工参数或夹具位置，确保加工精度。

2. 起落架系统中的主起"内筒"零件

传统的加工方法存在多工步加工、重复定位误差以及装卸夹具和零件浪费时间的问题。为了提升加工效率和精度，可利用先进的车铣复合中心设备优化加工方案。

（1）设备优化

①利用车铣复合中心设备，该设备能够在一次装夹定位中完成原来多工步的加工内容。

②通过减少装夹次数，显著降低了重复定位

带来的积累误差，同时节省了装卸夹具和零件的时间。

（2）可转位刀具的使用

①采用可转位刀具进行加工，这种刀具具有更长的使用寿命和更高的切削效率。

②通过使用可转位刀具，零件的加工效率提升了 70%，显著缩短了加工周期。

（3）合金刀具与切削参数优化

①选用合金刀具进行加工，合金刀具具有更高的硬度和耐磨性，能够确保加工过程中刀具的稳定性和耐用性。

②通过优化切削参数，如切削速度、进给量和切削深度等，使零件表面粗糙度达到 $Ra1.6$，提高了零件的表面质量。

3. 起落架系统前起"外筒"零件

（1）选择的机床为 2013 年加工中心机床，机床自身具有高精度直线运动导轨、精密主轴轴承、滚珠丝杠、高效伺服驱动电机。

（2）在装夹定位上，工装经历过上百件产品考验。至于缝隙对零件加工的影响，我们制定了相应的对策。用木槌敲打，并经过塞尺检测，不会对零件的加工产生影响。另外，零件是空心的，在装夹时不宜用力过大，防止将零件装夹变形。

（3）通孔镗刀一般用普通镗刀，为减小径向切削分力，以减小刀杆弯曲变形，一般主偏角在 45°~75°，常选取 60°~70°。刀片的前角、刀尖的半径、断屑槽形状的不同，所产生的切削抗力也是不同的。所以，这次选取的刀片为专用镗铝材料的刀片——伊斯卡的 DPGX090202-L IC20 刀片，主偏角为 65°，刀片尖角 $R0.2mm$。

（4）由于加工的孔深度较深，所以在选用刀杆时选择刀杆较粗且刚性较好的刀杆。在刀杆的防震方面，主要是采取控制切削参数的方法来减小震动，从而保证切削表面的粗糙度。

（5）在参数的选择上，根据理论数据划定一个合理的范围，如表2所示：由于将要加工的孔为 $\Phi80$ 和 $\Phi88$，所以将其尺寸大小临近的几个孔径的加工参数一并列出，并且逐一试验，若效果不理想时可以对参数进行微调，以求达到理想的结果。

表2　加工参数范围

镗孔直径（D）	切削转速（N）	进给速度（F）	切削余量（D）
70	450	22.5~45	0.1~0.4
75	430	21~41	0.1~0.4
80	400	20~40	0.1~0.4
85	370	18.5~37	0.1~0.4
90	330	16.5~33	0.1~0.4

（6）工艺方案的流程如下：粗镗加工 – 半精镗加工 – 精镗加工。

①粗镗孔加工：精度等级 IT13~12，表面粗糙度为 Ra12.5~6.3。

②半精镗加工：精度等级 IT10~9，表面粗糙

度为 $Ra6.3\sim3.2$。

③精镗加工：精度等级 IT8～7，表面粗糙度为 $Ra1.6\sim0.4$。

走刀方式采用 G85 方式，镗孔循环。可最大限度地避免镗到零件末端时出现锥度的情况，俗称"避免喇叭孔"。

（7）关于零件材料变形的情况：在刀具及切削参数上选择合适的刀片槽型，可以减少切削阻力；选择低切削量，减少零件热变形；调整适当的转速和进给量，防止零件共振影响表面粗糙度。另外，在装夹上用均匀、对称的装夹力，防止零件变形，即在孔顶端两侧对称的位置上装百分表，检测装夹力对零件产生的微量形变。

（8）进行粗、精加工：精加工前余量 $\Phi0.1mm$，加工 $\Phi80H7$ 转速 S500，进给 F16；加工 $\Phi88H7$ 转速 S500，进给 F16。

通过测试机床自身精度，排除夹紧力变形，

精选合理的刀杆与刀片，制定工艺方案，加工留量，通过多次试验确定最佳切削参数，并使表面粗糙度达 $Ra0.2$ 左右。

第三讲

设备支持

一、项目前期数据采集设备支持

为了更好地掌握和收集产品实际情况数据，需要通过对所有零件进行问题剖析，采集影响质量的各项基础数据，包括：零件生产加工的应力变形量、定位点微量位移值、表面粗糙度值、空间坐标点、夹紧力矩值、设备重复定位精度误差、产品切削振动值。需要使用的设备为高精密三坐标测量机。

二、项目实施过程设备支持

（1）试验产品加工过程中所需的设备。

（2）正式产品实施加工设备。

（3）自制工装夹具所需的设备。

（4）自制工装检验设备。

所需设备：车铣复合加工中心、五坐标加工中心、三坐标加工中心、高精密三坐标测量机。

三、项目结果验证设备支持

产品加工完成后，产品检验所需的设备，包括：零件尺寸检测设备、无损探伤检测设备、疲劳试验设备。

第四讲

辅助材料

为了降低零件的损耗，需要先进行试制，包括自制工装和实验件，通过精准测试，验证产品质量，还要学习相关先进专业图书，辅助工作是为高质、高效的生产加工奠定基础。

（1）自制工装需要的原材料，包括：铝板、钢板、螺栓、螺母、压板。

（2）试验件原材料，包括：铝板、钢板、铝棒、钢棒、模锻件。

（3）学习材料，包括：最新的专业图书、编程技巧图书、夹具设计图书、机械加工图书。

第五讲

实施情况

一、"旋转盘"加工工艺改进实施过程

1. 初步孔加工

（1）先将零件 Φ238.04+0.02 孔加工至 Φ236+0.04。

（2）注意事项：选择合适的切削刀具，保证孔径的加工精度。

2. 定位与内孔加工

（1）在主体夹具上装 Φ236-0.02 的定位胎具，进行零件的定位和夹紧。

（2）使用压板和可滑动支撑块，将零件固定，注意底部悬空的问题，避免过度夹紧导致零件变形。

（3）将 Φ228 孔加工至 Φ226.5，并加工 4~5mm 的 45° 倒角。

（4）注意事项：确保定位准确，支撑合理，保证孔的加工质量和精度。

3. 粗加工与半精加工

（1）使用倒角压紧盖将零件压紧，取下螺杆和压板，用两侧可滑动支撑块固定零件。

（2）粗加工端面和半精加工叉耳，注意叉耳作为翻转后的角向定位基准。

（3）注意事项：支撑和固定要稳固，加工时要确保叉耳的精度和角度。

4. 再次内孔加工

（1）用压板将零件端面压紧，加工内孔，注意底部悬空的问题。

（2）使用可滑动支撑块在旋转力反方向支撑，将 $\Phi 226.5$ 孔加工至 $\Phi 227+0.04$ 作为定位孔。

（3）注意事项：确保加工精度，定位孔的加工质量对后续工序有重要影响。

5. 翻转与台阶孔加工

（1）在主体夹具上装 $\Phi 227-0.02$ 的定位胎具，将零件翻转。

（2）用压板将零件端面压紧加工内孔，将 $\Phi 238$ 孔加工至 $\Phi 237.4+0.04$ 的台阶孔。

（3）注意事项：翻转时要确保定位准确，台阶孔的加工要满足设计要求。

6. 端面加工

（1）用下限台阶盖将零件压紧，取下螺杆和压板，用可滑动支撑块固定零件。

（2）加工端面，保证加工面的平整度和精度。

（3）注意事项：支撑和固定要稳固，加工时要确保端面的平整度和精度。

7. 翻转与平行度保证

（1）在主体夹具上装 $\Phi 237.4-0.02$ 的定位胎具，将零件翻转。

（2）用倒角压紧盖将零件压紧，加工端面，保证两面平行度。

（3）注意事项：翻转时要确保定位准确，加工时要严格控制平行度误差。

8. 精加工内孔

（1）卸下倒角压紧盖，用压板将零件压紧。

（2）精加工 $\Phi228+0.04$ 内孔，确保孔径精度和表面粗糙度。

（3）注意事项：选择合适的切削刀具和切削参数，保证内孔的加工质量。

9. 翻转与叉口、端面加工

（1）在主体夹具上装 $\Phi228-0.02$ 的定位胎具，将零件翻转。

（2）用下限台阶盖将零件压紧，用可滑动支撑块将零件两侧顶住，防止转动。

（3）精加工叉口和端面，保证零件厚度及所有图纸要求尺寸。

（4）注意事项：翻转和定位要准确，加工时要确保叉口和端面的精度、尺寸。

10. 最终内孔加工

（1）卸下下限台阶盖，用压板将零件压紧。

（2）精加工 $\Phi238.04+0.02$ 内孔，作为最后一道工序，确保整体加工质量。

（3）注意事项：确保最终加工精度满足图纸要求。

整个加工过程中，需要注意切削参数的选择、刀具的磨损情况、加工过程中的定位精度以及变形控制等关键要素，确保加工出的零件满足设计要求。

二、"球铰、球座"加工工艺改进实施过程

（1）采用带有铣削功能的高精度四轴联动数控车削中心代替普通车床的加工，降低操作者人为因素对产品质量的影响，消除加工设备精度对产品质量的影响。

（2）采用普通硬质合金刀具代替成形刀具加工产品的形面，降低刀具制作的误差、刀具加工时的抗力对产品质量的影响。

（3）在恒温环境下加工和检测，避免环境对产品质量的影响。

（4）压紧方式：通过工艺台将产品压紧在加工设备上，代替三爪夹紧方式，将产品安装在加工设备上，减少外部装夹力对已加工完产品变形的影响。

（5）用车工将产品与工艺台切断，使三个连筋同时断裂，应力同时均匀释放。

（6）夹具是按照被加工工序要求专门设计的，夹具上的定位元件能使工件相对于机床与刀具迅速占有正确位置，并设定相应位置可调支撑点和定位精度，有效控制零件变形。

（7）采用小的切削用量和小切深，增加切削次数，增大走刀量，匀速切削，以减少切削力和切削热，广泛用于成批及大量生产（见图 10）。

其中，粗加工：球铰和球座的整体外形轮廓比标准尺寸大 2mm。半精加工：球铰和球座的整体外形轮廓比标准尺寸大 1mm。二次半精加工：球铰和球座的整体外形轮廓比标准尺寸大 0.3mm。精加工：球铰和球座的整体外形轮廓为标准尺寸。

（8）需要注意：

①充分运用现有机床的特点，设计工艺台与产品的技术要求有机地结合起来。

②选用的粗基准应便于定位、装夹和加工，并使夹具结构简单。

③若首先保证工件加工面与不加工面之间的位置精度要求，则以不加工面为粗基准。

④为保证某重要表面的粗加工余量小而均匀，应选该表面为粗基准。

⑤挑选粗基准时，应当使毛坯面与所选粗基准面之间加工余量被均匀分摊，确保各个加工面在后续加工中能够达到所需的精度和一致性。

⑥粗基准面应平整，没有浇口、冒口或飞边等缺陷，以便定位可靠。

⑦粗基准一般只能使用1次（尤其是主要定位基准），以免产生较大的位置误差。

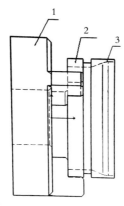

序号	名称	作用
1	机床主轴	夹紧、支撑
2	工艺台	定位
3	产品	被加工产品

图 10　"球铰、球座"加工示意图

　　零件用轴向力通过工艺台将产品夹紧在车床的主轴上，来控制零件内外形尺寸留量，使零件起到支撑定位作用，零件内的残余应力处于平衡状态。加工过程中，零件内部的测量通常使用勾卡尺，其弊端是位置深，卡尺刚性差，导致测量失真，且每个人测量的准确度在于使用卡尺时的力度，所以，想办法规范每个人使用的测量方案，并统一趋近真实值成为关键。经过调研，发现一种膨胀式内槽测量仪，可在探测深度很深的情况下保证测量精度，且读数准确，不会因人而异。

三、"摇臂"加工工艺改进实施过程

（1）将零件精准地放置在夹具的支撑座和后支撑座上，特别在圆柱体基准面下垫有 0.05mm 的精密垫片。

（2）确保零件前端与定位圆柱紧密贴合，实现精确定位。

（3）将零件的一侧与一侧的立柱紧密贴合，并通过另一侧立柱上的顶紧装置轻轻施加压力，实现稳定固定。

（4）用手轻轻向下压零件，同时推动可移动 V 形垫块向零件前端移动，直至与零件底面完全

贴合。此时，将圆柱底面基准面上的 0.05mm 垫片取出。

（5）使用压板在零件上施加均匀且适当的压力，确保固定稳定。同时，检查并确保圆柱体基准面与零件之间留有间隙，防止完全贴合导致应力集中。

（6）使用六方扳手将顶紧装置进一步拧紧，确保零件被牢牢固定（见图 11）。

通过自主设计和精密制造，我们成功研发了

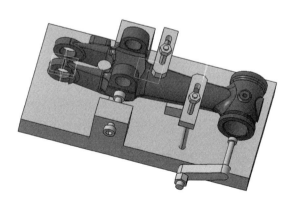

图 11 "摇臂"加工时示意图

一款专用夹具，全面替代了原有的组装夹具。在减轻自身重量、降低夹具变形和提高定位稳定性方面，该夹具均表现出色。特别是在精加工孔时，该夹具能实现加工位置的完全悬浮，从而有效避免了应力释放和加工后变形的问题。此外，我们还特别设计了一款可转位的悬浮支杆，用于在粗加工时支撑零件，防止其因加工力过大而移动。这一设计使加工出的零件质量得到显著提升，孔变形量几乎为零。同时，该夹具还缩短了加工周期和周转时间，避免了因零件重复定位导致的孔距位移、与基准面不垂直等问题。

在模锻件装夹工装的设计上，我们同样注重细节和精度。首先，我们根据模锻件的表面形状定制了仿形垫块，确保在装夹过程中压板能够均匀受力，为零件提供稳定且均匀的夹紧力。其次，工装设计了一个凹槽，其一端固定用于定位，另一端则配备了与螺杆方向相连的圆形顶帽。通过拧动螺杆，顶帽能够产生向上的顶力，实现对零件的牢固顶紧。此外，我们还增加了钻孔支撑挂件，便于调节和移动，确保零件在钻孔过程中不会发生位移。最后，我们优化了加工工序，将钻减轻孔的操作提前到精加工之前，从而避免了模锻件自身变形对最终加工精度的影响。

四、"旋转筒"加工工艺改进实施过程

对一些复杂结构薄壁异形零件，其形状不规则，传统的机械加工方法已经完全不能适用。需要有针对性地制作零件工装，选择匹配的加工刀具，再利用科学的仿真手段规划加工路线。

（1）设计仿形工装，通过数字化仿真技术，对工装的夹紧面与零件外形之间的配合度进行深入分析，并模拟测试工装在不同压紧力下的表现，以确定其最大可承受且能保证均匀夹紧的压紧力范围，如图 12 所示。

图 12 "旋转筒"仿形工装示意图

（2）根据零件的特征和加工性能选配减震内孔刀杆，从而保证加工刚性和刀杆长度。车削时，刀片应优先使用硬质合金，以提高生产率。见表 3 和表 4。

表 3 适用于车削的硬质合金牌号

车削情况	硬质合金牌号
精车，低速时	813（813-2），YGRM，YG8W
高速时	YGRM，YG6X，YG3X，813-2
粗车	YG8，YG10HT（YG10H），YGRM
车黑皮（扒氧化皮）	YG8，YG8，YGRM

表4　刀具材料的平均磨损率（*KT*μm/min）

刀具材料	相当于	磨损率
Al_2O_3（Carboloy030）		790
碳化钛基硬质合金（XL0 XL88）	P01（YN05）	43
立方氮化硼 CBN（Borazon）		30
TiC 涂层硬质合金（Carboloy532）	M15	30
钨钛钴类硬质合金（K7H）	P05（YN10）	8.5
钨钴类硬质合金（K68）	K15（YG6）	2.5
钨钴类硬质合金（Carboloy820）	K20（YG6，YG8N）	2.2
金刚石（Syrdite）		1.4
金刚石（Compax）		1.3

注：以 61m/min 切削速度车削 Ti-6Al-4V（TC4）。

硬质合金 YG8 是切削一般材料的通用牌号，货源比较充足。在缺少其他合适牌号的硬质合金的情况下，YG8 车削钛合金一般能够胜任，只要切削速度稍低一些就行了（见表3）。

在超硬刀具材料中，由表4中数据可以知道，金刚石刀具的磨损率最低。表4中所列两种都是人造聚晶金刚石。天然单晶金刚石切削钛合金的效果更好，这是因为天然单晶金刚石的导热性优于人造聚晶（多晶）金刚石。在立方氮化硼中，国产复合立方氮化硼 DLS-F 切削钛合金也能获得令人满意的效果。车刀几何参数选择中有：可转位（不重磨式）硬质合金车刀，重磨式硬质合金车刀和整体（或焊接式）高速钢车刀。第一类车刀使用经济，适用面广，有发展前途，宜推广应用。车削时，刀具角度的合理值见表5。

表5 车刀几何角度推荐值

刀具	γ_o	a_o	a'_o	k_r	k'_r	λ_s
高速钢车刀	9°~11°	5°~8°	5°~8°	45°	5°~7°	0°
硬质合金车刀	5°	10°	6°~8°	45°~75°	15°	0°
硬质合金镗刀	−3°~−8°	3°~5°	8°~12°	90°	5°	−3°~−10°

关于车刀几何参数的几点说明：

①试验结果表明，低速车削钛合金时，前角为25°、5°和−5°的硬质合金车刀的磨损情况无大差别。中速以上时，大前角已不适应，很容易崩刃。高速时，5°和−5°车刀的磨损也无显著差别，但负前角的切削力为5%~8%，切削温度

较高，加工表面较粗糙。

即使在粗车（包括车黑皮）钛合金 $\sigma_b >$ 1177MPa 的情况下，仍不宜选用负前角，可取 $\gamma_0 = 0° \sim 5°$ 。

②YG3X 车刀 $\gamma_0 = -15°$，$\alpha_0 = 15°$，切削效果好，刀具耐用度高。

③精车时主偏角可选得大一些，$\kappa_\gamma = 75° \sim 90°$。

④刀尖圆弧很重要，它对刀具耐用度、振动、加工表面粗糙度都有影响。磨损随刀尖圆弧半径增大而减小，这种倾向在进给量大时更为显著。车削钛合金时刀尖圆弧半径对刀具磨损的影响更大，应予以足够的注意。刀尖圆弧如果过大，则因径向力 F_v 增大而容易造成振动。一般建议刀片角半径 γ_ε 在 0.5~1.5mm，但切削深度（a_p）不应大于 0.5mm，见图 13。

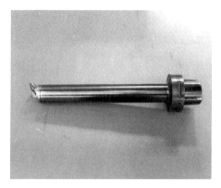

图 13　"旋转筒"减振刀具示意图

（3）先进的车铣加工中心机床，运用先进的加工技术，采用数字化仿真，确保关键点同一工步完成。根据选定刀具的推荐参数值，确认加工余量在较小范围内，表面质量会随着材料加工余量增大而提高，因为在这个范围内刀具对零件的挤压最好，能够充分发挥刀具车削的性能。但随着加工余量增大，表面质量在达到较高水平后反而越来越低，因为余量过大会增加切削阻力及切削热，又容易形成积屑瘤，所以，将精加工余量

定为 0.1mm。转速和进给参数也要注意，车削
速度越大，加工质量越高。但随着转速提高，越
来越容易使加工系统产生振颤，反而降低表面质
量，故需要适当调节转速和进给参数，见图 14。

图 14　"旋转筒"加工时示意图

五、"内筒"加工工艺改进实施过程

单刃刀具设计

（1）设计概述

本设计旨在将传统的纵向镗削工艺转变为横

向铣削，并将多刃铣削简化为单刃铣削，同时引入可换刀片的概念，以提高加工效率和刀具的灵活性。

（2）刀片夹设计

①形状与大小：刀片夹的设计需严格匹配单刃加工刀片的形状和大小，确保刀片在夹持过程中稳定无晃动。

②强度：刀片夹需具备足够的强度，以承受切削过程中产生的各种力和力矩，确保加工过程的稳定性和安全性。

③刀片夹槽：刀片夹内部设计有与刀片形状相吻合的夹槽，以提供均匀的夹持力，并防止刀片在切削过程中移位或变形。

④旋转角度：刀片夹需考虑切削时的旋转角度，确保刀片在旋转过程中能够顺利进入和退出工件，同时避免与机床其他部件发生干涉。

（3）连接杆设计

①长度：连接杆的长度需根据加工零件的特性和机床的结构进行设计，确保刀具在加工过程中能够达到预定的加工位置和角度。

②强度：连接杆同样需要具备足够的强度，以承受切削过程中产生的各种力和力矩。同时，其设计应避免应力集中，以提高整体结构的稳定性。

③非统一直径：考虑到零件的特殊性，连接杆的设计不应局限于统一直径的圆柱体。根据实际需要，可以采用变径设计或其他非规则形状，以提高刀具的适应性和灵活性。

（4）加工方案更改

①切削方式：将原有的纵向镗削改为横向铣削，以适应单刃加工刀片的特点。同时，通过调整切削参数和切削路径，实现高效、精确地加工。

②刀片更换：引入可换刀片的设计，使刀具在磨损或损坏后能够迅速更换新的刀片，减少停机时间，提高加工效率。

③工艺优化：根据新的刀具结构和加工方式，对原有的加工工艺进行优化和调整，在确保加工质量和效率的同时降低加工成本（见图15、图16）。

以上是对单刃刀具设计方案的详细说明。通过本设计方案的实施，可以显著提高加工效率和刀具的灵活性，为工业生产带来更大的便利和效益。

图15　"内筒"刀具示意图

图 16   "内筒"刀杆示意图

六、"外筒"加工工艺改进实施过程

（1）将零件擦拭干净，查看零件定位基准是否平整；检查工装与零件定位基准接触有无缝隙；准备加工刀具粗、精镗刀，检查刀片完好度。

（2）将零件放平，防止零件变形，随即在孔顶端两侧对称的位置上装百分表，检测装夹力对零件产生的微量形变。

（3）装夹零件时采用4个压板对称压紧方式。由于零件较高，加工时顶部和底部都需要着力点，否则零件容易振动，利用零件自身特性，将零件原有的两孔串一个标准棒，作为被压点，进行压紧。

（4）测定零件加工原点。

（5）进行粗、精加工。精加工前余量 Φ0.1mm，加工 Φ80H7 转速 S500，进给 F16。加工 Φ88H7 转速 S500，进给 F16。

反复试验机床本身的精度、装夹时力矩、刀杆振动程度、加工时切削参数和工艺余量的选取、零件应力释放等因素，并采用不同的装夹方法、切削参数、刀片材料、刀片 R 角。

①设定压紧点，如图17所示。

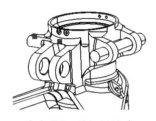

（a）原状态　　　　　　　　（b）设定压紧点后的状态

图17　"外筒"原状态和设定压紧点后的状态

②通过测试机床自身精度，排除夹紧力变形，精选合理刀杆与刀片，制定工艺方案，加工留量，通过多次试验确定最佳压紧位置，保证零件切削参数，如图18所示。

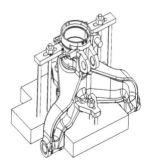

图18　"外筒"装夹示意图

第六讲

实施效果检查

一、"旋转盘"夹具改进的效果

通过这套夹具消除了由于铣平和加工产生的应力影响零件变形的问题，并避免了多次更换夹具的积累误差，保证零件的尺寸要求；将四套夹具完美地结合成一套夹具，大大降低了加工成本；也省去了在更换夹具时，装、卸和找正的无用功，降低了劳动强度；原加工零件正、反面时需要分粗、半粗、精加工，加工一件零件需要 10h 左右，现只需 2h 就可以完成，大大缩短了加工时间。通过这套夹具解决了该零件超差报废问题，使零件的一次交检合格率达到了 100%，见图 19。

图 19 "旋转盘"加工后效果

二、"球铰、球座"夹具改进的效果

对高速加工的数控设备来说，正确设计夹具、缩短夹具生产准备周期，实现零件在数控机床上的快速装夹定位，能大大提高有效切削时间，保证加工质量，从而达到提高数控加工效率的最终目的，见图 20。

图 20　"球铰、球座"加工后效果

三、"摇臂"夹具改进的效果

通过该起落架模锻件加工的可调节夹具，可

以达到快速装夹、装夹稳定的效果，由于装夹稳定可以提高加工速度，从而提高生产效率，并且改变了最后的压紧位置，避免了因为变形而导致的超差问题，使交检合格率达到100%，同时减少了因为变形超差而增加的研磨时间，见图21。

图21 "摇臂"加工后效果

四、"旋转筒"刀具改进的效果

根据零件的特征和加工性能选配刀具，已经通过实验验证了刀具的实用性、合理性，设计的仿形工装也已经测试出与零件外形的配合度和零件的最大承受压紧力，各项试验结果处于合格状态，见图22。

图22　"旋转筒"加工后效果

五、"内筒"尺寸改进的效果

保证图纸要求的平行度0.05mm，表面粗糙度达到 Ra0.16。目前的加工方法可以达到平行度0.02mm，表面粗糙度 Ra0.07，见图23和图24。

图 23　　"内筒"改善前加工效果

图 24　　"内筒"改善后加工效果

六、"外筒"尺寸改进的效果

此方法使该零件表面粗糙度达 $Ra0.1\sim0.17$，基本上达到了镜面级光度，完成了机械镗削加工从没有达到的表面粗糙度，减少了周转时间，降低了成本，增加了零件质量的稳定性。见图25。

图 25　"外筒"加工后效果

后 记

机械加工是一个复杂的力学变形过程，伴随弹性、塑性和断裂力学现象，目前能够高精准地模拟整个过程的方法寥寥无几。大部分精准的数据都需要熟练的操作者通过自身的经验，再加上不断的试验、测量才能判断出，从而给精准加工带来了人员的制约，效率的低下，准确率的下降等问题。

当前，我国经济已由高速增长阶段转向高质量发展阶段，尤其需要传承和培育大批具有工匠精神的高技能和技术人才。

传承和培育工匠精神的关键在于树立匠心，就是既要弘扬优良传统，又要紧跟时代步伐、勇于开拓创新。一方面，要加强宣传教育。从中华优秀传统文化中汲取营养，不断赋予其新的时代内涵，引导全社会深刻认识培育和弘扬工匠精神的重要意义。另一方面，要完善制度机制。选树优秀高技能和技术人才，引导人们在工作中精益求精。

传承和培育工匠精神的基础在于培育技能人才。广大技能人才是工匠精神的主要传承者、实践者、创新者。企业应建立标准化、系统化的培训体系，为高技能和技术人才提供培训和学习机会，切实提高其职业技能；将工匠文化作为企业文化建设的重要内容，激发员工钻研生产技艺、不断创新创造的积极性，让更多的"大国工匠"脱颖而出。

传承和培育工匠精神的目的在于打造精品。只有打造更多优质产品、塑造更多中国品牌，中国制造业才能实现品质革命、跻身世界前列。打造精品，需要注重改进制造工艺、提升管理水平，更需要高技能和技术人才强化责任意识和职业操守，不断提升专业技能。应引导、鼓励员工树立成为"大国工匠"的职业理想，将工匠精神体现到一件件精品上，在打造更多享誉世界的中国品牌中成就自己的精彩人生。

2024 年 7 月

图书在版编目（CIP）数据

秦世俊工作法：直升机动部关键件、重要件数控加
工 / 秦世俊著. -- 北京：中国工人出版社，2024.9.
ISBN 978-7-5008-8520-7

Ⅰ. V262.3

中国国家版本馆CIP数据核字第2024W7U161号

秦世俊工作法：直升机动部关键件、重要件数控加工

出 版 人	董　宽	
责 任 编 辑	刘广涛	
责 任 校 对	张　彦	
责 任 印 制	栾征宇	
出 版 发 行	中国工人出版社	
地　　　址	北京市东城区鼓楼外大街45号　邮编：100120	
网　　　址	http://www.wp-china.com	
电　　　话	（010）62005043（总编室）	
	（010）62005039（印制管理中心）	
	（010）62379038（职工教育编辑室）	
发 行 热 线	（010）82029051　62383056	
经　　　销	各地书店	
印　　　刷	北京市密东印刷有限公司	
开　　　本	787毫米×1092毫米　1/32	
印　　　张	3.25	
字　　　数	37千字	
版　　　次	2024年12月第1版　2024年12月第1次印刷	
定　　　价	28.00元	

优秀技术工人百工百法丛书

第一辑　机械冶金建材卷

郭玉明
工作法
复吹转炉底吹的
精准维护

金国平
工作法
炼钢连铸设备
智能化的
运维与改善

李兵
工作法
汽车发动机故障
诊断与维修

李凯军
工作法
压铸模具
制造

林学斌
工作法
连铸
电气设备的
点检

刘伯鸣
工作法
带直段锥体的
锻造与成形

刘更生
工作法
京作硬木家具制作
水磨、烫蜡技艺

潘从明
工作法
萃取设备的
设计与制造

裴永斌
工作法
弹性油箱
全自动数控
加工技术

邵志村
工作法
铜精矿火法的
双闪冶炼

王树军
工作法
设备的养护
与修理

王万松
工作法
热轧带钢
板形的控制

温广勇
工作法
玻璃纤维拉丝
设备的
维修与优化

文寨军
工作法
低热硅酸盐
水泥的制备
及应用

徐成东
工作法
肉眼秒判
奥斯麦特炉渣
含铅品位

郑久强
工作法
转炉炼钢炉型的
控制与操作

优秀技术工人百工百法丛书

第二辑　海员建设卷

100 ARTISANS AND 100 TECHNIQUES SERIES

蔡连财工作法

半潜船浮装操作

100 ARTISANS AND 100 TECHNIQUES SERIES

常洪霞工作法

公交安全驾驶与服务

100 ARTISANS AND 100 TECHNIQUES SERIES

陈宇航工作法

大型管道装配

100 ARTISANS AND 100 TECHNIQUES SERIES

陈竹祥工作法

汽车漆膜修补

100 ARTISANS AND 100 TECHNIQUES SERIES

程克辉工作法

常用焊接操作技能

100 ARTISANS AND 100 TECHNIQUES SERIES

勾常春工作法

盾构注浆"制—运—注"一体化集成系统

100 ARTISANS AND 100 TECHNIQUES SERIES

李燕肇工作法

古建彩画颜料调制及彩画工艺流程

100 ARTISANS AND 100 TECHNIQUES SERIES

廖明工作法

地铁司机应急处置技能培训

100 ARTISANS AND 100 TECHNIQUES SERIES

魏钧工作法

焊接十步操作法

100 ARTISANS AND 100 TECHNIQUES SERIES

吴喜军工作法

桥梁伸缩缝微创技术

100 ARTISANS AND 100 TECHNIQUES SERIES

翟筛红工作法

古建筑冰纹窗制作

100 ARTISANS AND 100 TECHNIQUES SERIES

竺士杰工作法

远控集装箱岸桥操作法

优秀技术工人百工百法丛书

第三辑　能源化学地质卷

陈可营工作法
海洋油气生产绿色数智化设计与应用

程平工作法
钴基60硬质合金真空水冷堆焊

丁正江工作法
焦家式金矿预测勘查

华伶利工作法
松散地层钻进取心

黄兆亮工作法
航改型燃气轮机蜂窝封严钎焊修复

琚永安工作法
架空地线复合光缆的电动旋切

李辉工作法
用试验电压检测变电站一、二次设备交流回路整体组合工况

李祖锋工作法
抽水蓄能电站控制测量方案优化

刘清工作法
煤矿无人化智能开采控制系统

毛玉泉工作法
贵细中药材鉴别应用

齐名工作法
应用STC单片机

秦钦工作法
矿井安全监控设备辅助安装及故障分析处理

100 ARTISANS AND 100 TECHNIQUES SERIES
孙同根工作法
S Zorb装置优化

100 ARTISANS AND 100 TECHNIQUES SERIES
王月鹏工作法
基于绝缘平台的绝缘杆作业法

100 ARTISANS AND 100 TECHNIQUES SERIES
王跃工作法
滴定分析的判断与控制

100 ARTISANS AND 100 TECHNIQUES SERIES
杨新海工作法
车载移动测量技术在实景三维成果质量检验中的应用

100 ARTISANS AND 100 TECHNIQUES SERIES
杨义兴工作法
油田修井现场清洁生产技术应用

100 ARTISANS AND 100 TECHNIQUES SERIES
游弋工作法
煤矿供电系统防误电设计与应用

100 ARTISANS AND 100 TECHNIQUES SERIES
余姝工作法
高陡峡谷区地质灾害调勘查